MANUEL PRATIQUE

D'ANALYSE MICROGRAPHIQUE DES EAUX

BIBLIOTHÈQUE DES ACTUALITÉS INDUSTRIELLES N° 35.

MANUEL PRATIQUE
D'ANALYSE
MICROGRAPHIQUE DES EAUX

PAR

P. FABRE-DOMERGUE

Docteur ès-sciences,
Directeur adj[t] du Laboratoire de zoologie et de physiologie maritimes
de Concarneau.

Avec figures dans le texte

PARIS
BERNARD TIGNOL, ÉDITEUR
Acquéreur des publications scientifiques, industrielles et agricoles
de la Maison E. LACROIX.
45, QUAI DES GRANDS-AUGUSTINS, 45

1890

INTRODUCTION

But de l'analyse micrographique des Eaux ; Coup d'œil général sur les méthodes employées dans ce but.

Dès l'instant où l'on admet le rôle prépondérant que jouent dans l'étiologie des maladies infectieuses, les individus si variés et si nombreux de la famille des Schyzomycètes, dès l'instant surtout où on les considère comme des agents capables de transmettre de l'individu malade à l'individu sain le germe d'une affection quelconque par l'intermédiaire de l'air ou des eaux, l'importance d'un examen, d'une connaissance approfondie de ces deux milieux ressort naturellement de ce fait même.

Les recherches qui se sont multipliées dans ces dernières années avec une activité toujours croissante tendent en effet à démontrer, qu'en dehors bien entendu de la contagion directe par contact ou inoculation, la transmission des bactéries pathogènes s'effectue d'organisme à organisme par l'introduction dans l'appareil respiratoire d'un air infesté ou par l'absorption dans le tube digestif d'une eau contaminée.

Du besoin de s'assurer de la pureté de ces milieux sont nées l'analyse micrographique de l'air et celle de l'eau. C'est cette dernière seulement que nous voulons envisager dans ce volume.

En quoi consiste l'analyse micrographique d'une eau (1) ? Dans l'état actuel de nos connaissances sur la morphologie des bactériacées l'analyse d'une eau n'a point pour but de déterminer rigoureusement quelles sont les espèces d'organismes qui s'y présentent et qui s'y multiplient. Peut-être atteindra-t-on un jour cette perfection mais aujourd'hui le rôle plus modeste de l'analyseur se borne à dire si une eau est riche ou pauvre en bactéries et à déterminer d'une manière plus ou moins rigoureuses le titre de cette richesse. Ce résultat qui, aux yeux d'un observateur superficiel, pourrait paraître minime, semble au contraire au fur et à mesure qu'on connaît mieux la biologie des Schyzomycètes, se rapprocher de plus en plus du but que veut pratiquement obtenir celui qui se livre à ces recherches. En effet : si l'on admettait, comme c'est encore aujourd'hui la tendance des personnes étrangères à cette science, que l'ingestion d'un organisme pathogène doive fatalement provoquer la maladie dont il est l'agent, l'on comprendrait la nécessité absolue de signaler dans une eau potable l'existence de cet organisme et dans ce cas l'analyse déterminative seule aurait quelque valeur. Il n'en est heureusement pas ainsi et l'on sait aujourd'hui que l'individu qui absorbe

1. D'une manière générale l'analyse micrographique d'une eau consiste à rechercher et à déterminer tous les corps figurés organiques ou inorganiques qui y sont contenus, mais l'on comprend aisément que l'importance attribuée à ces corps variera selon le rôle plus ou moins grand qui leur sera attribués dans l'étiologie des maladies. L'étude des corps inorganiques par exemple, bien que pouvant être intéressante dans certains cas, aura beaucoup moins d'importance que celle des corps organisés. Parmi ces derniers, beaucoup d'entre eux sont, sinon inoffensifs, du moins supposés tels aujourd'hui, mais doivent être étudiés à cause des rapports intimes qu'ils présentent souvent avec d'autres êtres plus immédiatement intéressants, nous voulons parler de toute la grande famille des Schizomycètes, des Bactériagées. L'étude des procédés de recherche et de culture de ces êtres nous occupera donc principalement.

un organisme pathogène doit être en état de receptivité pour en favoriser le développement, pour contracter la maladie. En d'autres termes l'être vivant lutte constamment contre les causes de destruction et sa puissance vitale se traduit par une victoire constante et journalière sur ces ennemis invisibles. Mais naturellement cette puissance de résistance est subordonnée au nombre des individus qui l'attaquent ; un être qui résistera avec succès à quelques bactéries pathogènes absorbées çà et là, succombera fatalement un jour s'il se trouve constamment en butte aux attaques des mêmes organismes. Les habitants des grandes villes par exemple, absorbent journellement des bacilles de la tuberculose, de la fièvre typhoïde et tous n'en meurent pas ; mais que l'un d'eux soit en contact constant avec un tuberculeux ou ingère constamment une eau contaminée par les bacilles de la fièvre typhoïde il verra croître considérablement ses chances de contamination. De même aussi plus l'eau que nous boirons sera pauvre en bactéries, moins nous aurons à lutter pour les détruire et par conséquent il nous importe avant tout de nous assurer du degré de pureté de cette eau.

L'on peut diviser en deux grandes catégories les méthodes préconisées pour l'analyse micrographique des eaux. Les méthodes par la gélatine et les méthodes par fractionnement dans le bouillon.

Dans la méthode par la gélatine, on dilue un volume d'eau déterminé dans de la gélatine liquéfiée à une douce température, on verse cette gélatine sur une lame de verre où elle se solidifie et après un laps de temps variable les bactéries contenues dans le milieu se développent et forment des ilots ou colonies que l'on compte et d'où l'on déduit le nombre des bactéries isolées qui leur ont donné naissance.

La seconde méthode due au docteur Miquel est plus rigoureuse et permet une analyse quantitative plus complète que la première. En voici le principe : Diluer dans un volume connu d'eau stérilisée un volume d'eau déterminé, 1 cc. par exemple, de telle sorte qu'une goutte de cette eau contienne au maximum une bactérie et ensemencer un nombre donné de gouttes dans un nombre donné de récipients contenant un milieu nutritif stérilisé, le chiffre des récipients altérés après un laps de temps convenable donnera le nombre de bactéries contenues dans la dilution et par conséquent dans l'eau. L'on suppose les bactéries uniformément répandues dans la masse liquide où s'est effectuée le prélèvement. Un exemple emprunté au docteur Miquel fera mieux comprendre ce procédé. Un centimètre cube d'eau de Seine est dilué dans un litre d'eau stérilisée ; cette eau est agitée pendant quelques minutes avec force puis 2cc de cette dilution à 1 p. 1000 sont introduits dans un petit flacon renfermant 8cc d'eau stérilisée, l'eau se trouve donc diluée à 1 p. 5000. Avec une pipette jaugée l'on distribue dans 18 conserves contenant du bouillon stérilisé 2 gouttes de cette eau, dans 18 autres conserves 1 goutte de la même eau. Après quinze jours d'incubation à l'étuve, sur les 18 premières conserves, 5 sont altérées, sur les 18 autres 2 seulement le sont.

54 gouttes de l'eau diluée à 1 p. 5000 ont accusé la présence de 8 bactéries. Il est facile de calculer que 1 centimètre cube de l'eau non diluée en contient 18500.

Nous ne pouvons dans cet exposé général qu'indiquer le principe même des méthodes d'analyse et non les discuter. Ce principe une fois connu, il nous restera dans les chapitres suivants à donner la technique de ces méthodes et à en indiquer les avantages et les inconvénients.

PREMIÈRE PARTIE

ANALYSE BACTÉRIOLOGIQUE

CHAPITRE I

Récolte des échantillons d'eau à analyser.

La récolte des échantillons d'une eau destinée à être analysée demande certaines précautions destinées à prévenir : 1° la contamination accidentelle de l'échantillon, 2° l'augmentation par multiplication des bactéries contenues dans cette eau. Cette dernière considération d'une extrême importance a été mise en lumière par M. le docteur Miquel et c'est à lui que revient l'honneur d'avoir le premier indiqué la technique complète du prélèvement des échantillons d'eau à analyser (1).

Il est à remarquer en effet que l'eau de source ou de rivière est soumise, dès qu'on la place dans certaines conditions de chaleur et de stagnation, à une véritable auto-infection suivant l'expression fort juste de l'auteur. Une eau relativement pure, l'eau de la Vanne, qui contient normalement 66 bactéries par centimètre cube, abandonnée à elle-même dans un lieu chaud en contient bientôt de 30 à 40,000. Le simple rapprochement de ces deux chiffres montre de

1. D. P. Miquel, *Instruction relatives à l'analyse microgaphique des eaux. Revue d'hygiène*, t. IX, n° 9. 1887.

que l'on sépare ensuite les uns des autres. On obtient ainsi des sortes d'ampoules fusiformes ouvertes aux deux extrémités. Pour transformer ces ampoules en éprouvettes, on chauffe l'une de leurs extrémités jusqu'à fusion du verre et l'on étire brusquement, on donne un coup de feu pour fermer le tube capillaire ainsi produit et l'on souffle doucement de façon à obtenir un fonds rond et régulier. Il reste à fermer l'extrémité supérieure et à lui donner la courbure voulue ; pour cela saisissant l'éprouvette par son milieu on en chauffe le col et avant que le verre ne soit trop ramolli on enlève de la flamme et on étire doucement en donnant la courbure voulue. Le col courbé à la longueur voulue est scellé à la flamme par simple fusion de son extrémité. Cette opération doit se faire après qu'on aura porté l'éprouvette par une chauffe légère à 150 ou 200° de façon à y établir un vide partiel qui provoquera l'entrée rapide de l'eau à la rupture du col.

Quand on se sert de ces éprouvettes il faut nécessairement porter avec soi une petite lampe à alcool ou un colypyle afin de souder immédiatement le col sur les lieux même où s'est fait le prélèvement.

Quant aux flacons ordinaires, on les rebouchera immédiatement en ayant bien soin de ne pas contaminer la face inférieure du bouchon par le contact des doigts ou du sol.

Prélèvement des échantillons. — D'une façon générale, l'on peut dire que l'échantillon d'eau doit être recueilli et conservé jusqu'au moment de l'analyse, dans des conditions analogues à celles où cette eau sera soumise à la consommation.

L'eau qui séjourne longtemps dans les conduits en plomb d'une canalisation se trouve soumise à des altérations dues à la stagnation d'une part et à la température d'autre part, ces altérations pourront fausser les analyses en indiquant un nombre de bactéries trop élevé, supérieur à celui que l'on rencontre normalement dans l'eau d'une maison habitée dont les canaux sont constamment ouverts tantôt à un point tantôt à un autre.

Il convient donc dans ce cas de laisser couler largement le robinet où l'on doit prélever un échantillon afin de dégager le conduit qui y aboutit de toute la colonne d'eau stagnante chargée de dépôts organiques, de germes immobiles et par conséquent accumulés qui viendraient fausser les résultats de l'opération.

Les eaux stagnantes présentent à leur surface une pellicule composées de poussières atmosphériques, de détritus microscopiques qu'on évitera facilement de recueillir en plongeant le flacon dans le sein même du liquide, à quelques centimètres de sa surface et en le laissant se remplir doucement à ce niveau.

Il en est de même pour les ruisseaux peu profonds dont on évitera de remuer le fond et de troubler l'eau.

CHAPITRE II

Transport des Échantillons.

Nous avons déjà vu dans le chapitre précédent quelle était l'influence considérable exercée par la chaleur et la stagnation sur le pullulement des bactéries dans une eau potable et nous avons dit que l'analyse d'une eau ainsi altérée ne donnerait nullement le titre exact et normal de sa richesse en bactéries.

Pour bien faire ressortir l'importance de cette condition il nous suffira de reporter ici une expérience facile à répéter et parfaitement démonstrative.

Deux cents centimètres cubes d'eau potable sont recueillis, à la température de 14°. L'analyse immédiate de cette eau accuse 2500 bactéries. L'échantillon est ensuite abandonné à lui-même dans le laboratoire et après deux heures on note sa température qui s'est élevé à 18°. On en prélève alors un cent. cube que l'on soumet à une nouvelle analyse. Celle-ci révèle la présence de 18000 bactéries, soit 180 bact. par cent. cube.

L'on comprend aisément qu'un échantillon d'eau puisé à grande distance ne fournirait qu'une analyse dépourvue d'exactitude si l'on ne possédait un moyen de conserver cette eau dans l'état même où elle se trouvait au moment de sa récolte. La plupart des bactéries cessent de se multiplier à une température voisine de 0° ; si l'on soumet à cette température une eau qui en contienne, celle-ci conservera son titre exact mais ne perdra en rien ses propriétés. Toutes les bactéries contenues dans sa masse se multiplieront avec la même vigueur quand s'élevera de nouveau la température du milieu environnant.

Une autre condition également importante et qui mérite d'attirer l'attention est la stagnation de l'eau. L'on sait de longue date qu'une eau courante est toujours plus pure qu'une eau stagnante ; c'est pourquoi il est recommandé, lors du prélèvement des échantillons, de les recueillir au lieu même d'écoulement et non dans des vases où la contamination par les poussières de l'air vient ajouter encore une cause d'erreur à celle produite par la stagnation.

Dans la pratique, lorsque l'eau à analyser est recueillie assez près du laboratoire pour y parvenir dans le laps de temps d'une demie-heure, l'on peut se dispenser d'avoir recours à la réfrigération car dans ce cas l'élèvement de la température et ses conséquences sont peu sensibles. De plus le mouvement continuel produit pendant le transport contrebalance en partie l'effet facheux de l'accroissement de température. Mais dans un grand nombre de cas l'eau ne peut être immédiatement soumise à l'analyse ; elle doit même parfois subir un transport assez long avant de parvenir à sa destination et alors il est de toute nécessité de la refroidir, d'immobiliser en quelque sorte la vie dans son sein jusqu'au moment voulu. Le moyen de transport le plus simple est évidemment de mettre les flacons cachetés contenant les échantillons dans un grand vase plein d'une eau que l'on maintient constamment à 0° en y projetant quelques morceaux de glace. Lorsqu'on n'a pas un long trajet à accomplir, qu'on peut garder les échantillons avec soi, ce moyen suffit à la rigueur. Mais l'on a dû se préoccuper de trouver une glacière portative, facile à transporter par les voies ordinaires, susceptible de garder longtemps la température convenable pour permettre un voyage de quelque durée. La glacière du Dr Miquel (Fig. 2) remplit parfaitement ce but. F représente le flacon d'échantillon renfermé dans une boîte en zinc qui est elle-même contenue dans une autre un peu plus grande hermétiquement fermée. L'espace B existant entre les deux boîtes est rempli de sciure de bois. Le tout est enfermé dans une troisième boîte métallique contenant 2 kil. de glace concassée. Cette boîte est enfin elle-même renfermée dans une grande caisse remplie de sciure de bois S qui prévient la déperdition du froid et s'oppose à la fusion rapide de la glace. Cette appareil ainsi disposé peut voyager 36 heures; mais il est évident que ce temps peut être de beaucoup

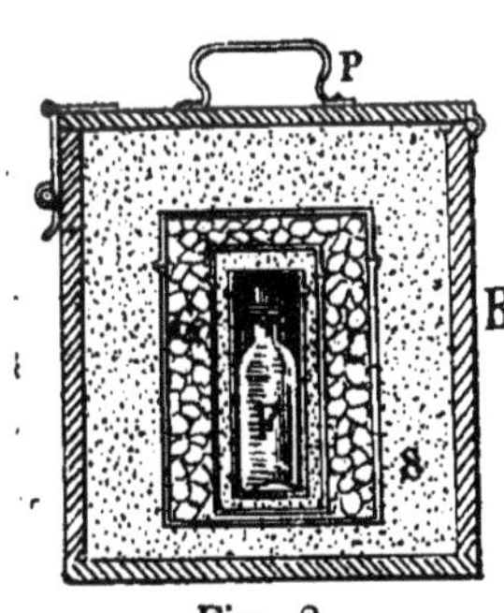

Fig. 2.

prolongé si on a soin de tenir la glacière dans un endroit très frais ou de renouveler en temps utile la provision de glace.

CHAPITRE III

Instruments d'observation et de culture.

Nous supposons le lecteur au courant, non seulement de la technique micrographique en général mais aussi de la technique bactériologique ; les recherches délicates qu'exige l'analyse micrographique des eaux ne peuvent en effet s'entreprendre d'emblée sans connaissances préalables et nous ne pouvons dans ce volume faire un traité complet de microscope et de bactériologie. Quelques observations préliminaires sur le choix des instruments et des méthodes suffiront pour le but que nous nous proposons.

Microscope et accessoires (Fig. 3). De toutes les recherches que permet l'emploi du microscope il n'en est aucune qui nécessite des moyens plus puissants et plus précis. C'est à la science bactériologique que l'on doit en partie les perfectionnements survenus dernièrement dans l'optique micrographique ; c'est pour subvenir aux besoins sans cesse croissants des bactériologistes que les constructeurs se sont ingéniés à fabriquer des objectifs d'une puissance de définition toujours plus forte et d'un angle d'ouverture de plus en plus grand. Il est donc nécessaire de se procurer pour ces recherches un bon microscope grand modèle, à partie mécanique très soignée et muni de systèmes optiques aussi parfaits que possible. Cette recommandation suffira pour dicter le choix d'un instrument ; on le prendra donc muni d'un condensateur Abbe à trois

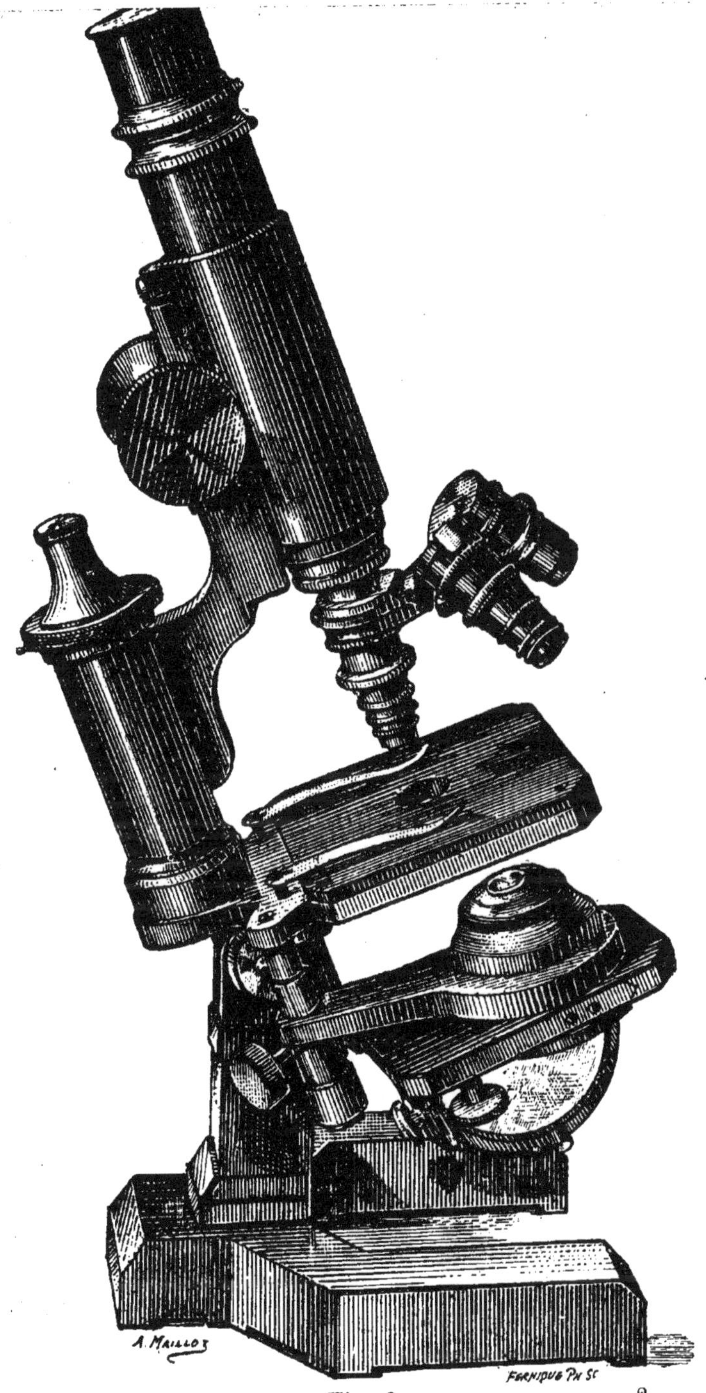

Fig. 3.

lentilles et d'un diaphragme iris permettant de graduer l'éclairage à volonté :

Le condensateur Abbe n'a pas seulement pour but de concentrer beaucoup de lumière sur la préparation mais aussi et surtout de diriger les rayons réfléchis par le miroir du microscope de telle sorte qu'ils viennent tous converger sur l'objet éclairé suivant un angle d'ouverture égal à celui des objectifs dont on fait usage. Il est en effet reconnu que ces derniers ne fournissent leur maximum de définition que si les rayons émanant de l'objet présentent le même angle que celui qu'ils sont susceptibles d'embrasser. Nous donnons ci-contre la figure du microscope grand modèle de Dumaige (1) dont nous nous servons habituellement.

Les objectifs seront également l'objet de soins particuliers. Depuis quelques temps ceux de Zeiss en Allemagne ont acquis une renommée qui n'a d'égale que l'exagération de leur prix. L'on peut cependant faire de l'excellente besogne avec des appareils moins coûteux et nos constructeurs français, par leurs efforts constants, tendent à se mettre au niveau de leurs rivaux étrangers.

Quant à ce qui concerne les accessoires tels que lames, lamelles, etc., le lecteur familier avec ces objets en a déjà trouvé la description dans les traités spéciaux.

Instruments de stérilisation. — Autrefois on stérilisait les vases de récolte et de culture en les portant un à un au-dessus d'une flamme ou en les empilant dans une étuve à air sec. L'autoclave (Fig. 4) permet aujourd'hui d'effectuer la même opération d'une façon beaucoup plus simple et beaucoup plus rapide. Il se compose d'une marmite en forte tôle supportée par un fourneau et fermée supérieurement par un ajutage en bronze dont la fermeture est assurée par un

1. 24, rue Saint-Merry, Paris.

anneau en caoutchouc comprimé à l'aide d'écrous. Le couvercle de cet appareil porte 3 ouvertures. A la première se trouve vissé un manomètre dont le cadran donne

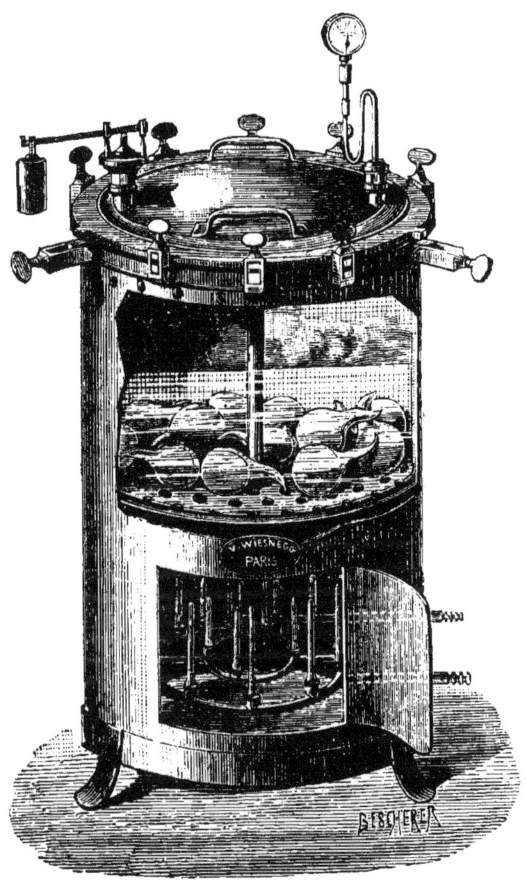

Fig. 4.

l'indication de la température à laquelle est portée la vapeur d'eau sous pression. Une soupape de sûreté vissée à la deuxième ouverture et tarée de façon à soulager la chaudière dès qu'il y a excès de pression, donne toute sécurité à l'opération. Enfin le robinet qui surmonte la troisième ouverture sert à lâcher la vapeur. Le maniement de cet appareil n'est pas dangereux mais demande quelques précautions pour éviter la perte des cultures que l'on y stérilise.

On verse au fond de la chaudière une couche d'eau de deux ou trois centimètres, l'on dispose ensuite dans le panier en fil de fer contenu dans l'appareil les objets que l'on veut stériliser (liquides de culture, instruments, pommes de terres, etc) et l'on ferme hermétiquement le couvercle en relevant et serrant tous les écrous les uns après les autres. On ouvre alors le robinet d'échappement et l'on chauffe. Bientôt la vapeur commence à fuser par ce robinet ; lorsque la puissance du jet prouve que l'eau est en ébullition on ferme celui-ci et le manomètre monte peu à peu. Il faut chauffer doucement et progressivement de façon à rester maître de sa pression qu'il est d'ailleurs facile de régler en baissant plus ou moins la flamme du gaz. Lorsque le manomètre indique la température que l'on désire atteindre, et d'habitude l'on ne dépasse pas 125°, on baisse un peu la flamme du gaz et l'on maintient cette température pendant une demie-heure environ.

Dès que l'appareil commence à fonctionner et que le manomètre indique une certaine pression, il faut éviter soigneusement d'ouvrir le robinet d'échappement. Cette manœuvre entraînant une décompression brusque des liquides contenus dans les vases de culture ou dans les ballons aurait pour effet de projeter violemment le contenu de ceux-ci exactement comme si on les soumettait à une ébullition brusque et rapide.

La pression étant retombée il ne reste qu'à enlever le couvercle de l'autoclave et à en extraire le panier contenant les objets dont la stérilisation est ainsi assurée.

Pour stériliser le coton destiné à boucher les récipients. les tubes à essai et autres menus objets on peut les déposer simplement dans une étuve à air sec (Fig. 5) à feu nu et arrêter la chauffe quand le coton commence à roussir (110°).

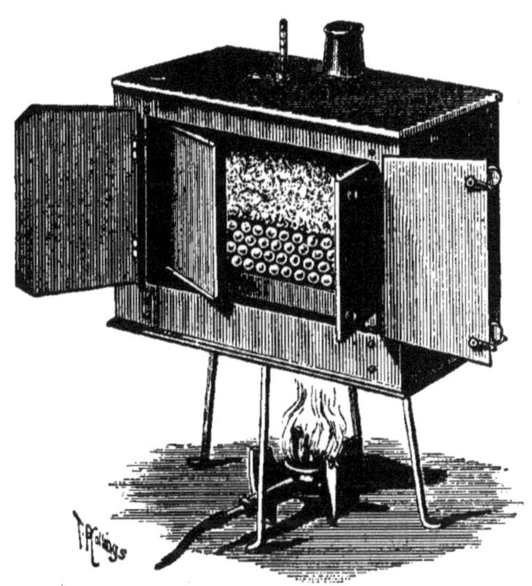

Fig. 5.

Enfin la stérilisation des fils de platine, des couteaux et des pinces s'effectue en les chauffant ou rouge et les laissant refroidir.

Instruments de culture. — La culture bactériologique peut s'effectuer de plusieurs manières : 1° Dans les milieux liquides ; 2° Dans des milieux solides en tubes ; 3° Sur des milieux solides à large surface : glaces, papiers, pommes de terre, etc. A ces divers modes de culture correspondent des formes de vases appropriées.

Les cultures dans les milieux liquides s'effectuent dans de petits flacons sphériques ou cylindriques d'une capacité de 10 — 30 cent. cubes munis d'un capuchon rodé à l'extrémité duquel est un tube bouché par un petit tampon de coton. Les modèles sphériques sont bien connus sous le nom de ballons de Pasteur, les modèles cylindriques plus commodes sont les flacons de Freudenreich. L'on comprend que les ensemencements se faisant à la fois sur des séries de 10, 20, 30 ou 40 de ces flacons il en faille une certaine quantité. Au laboratoire d'analyse micrographique des eaux de la ville de Paris, M. le docteur Miquel réunit ces séries sur de petits portoirs à compartiments qui en rendent le maniement plus facile et plus rapide.

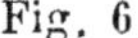

Fig. 6.

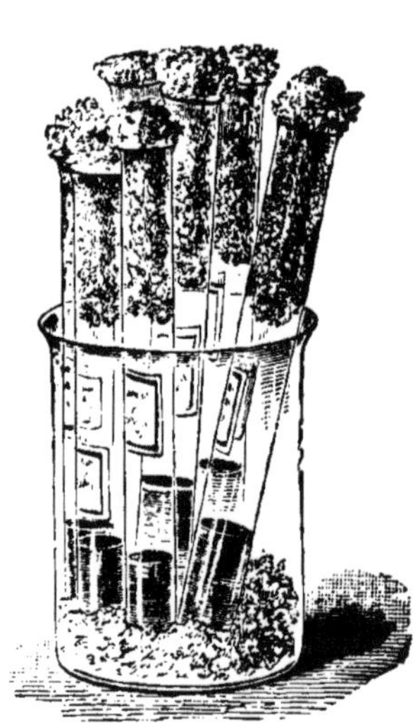

Fig. 7.

Les cultures dans les milieux solides peuvent se faire dans des tubes à essai ordinaires bouchés avec du coton. (fig. 7). On les effectue aussi sur des lames de verre de grandeur variable 9×12 p. ex. Enfin, combinant les avantages de la plaque de verre et du flacon, le flacon Miquel à forme d'entonnoir renversé permet d'étudier les cultures en surface sans crainte aucune de contamination.

Des pinces fines, quelques couteaux, des fils de platine courbés en boucle à une extrémité et destinés aux ensemencements des cultures complètent l'outillage.

CHAPITRE IV

Chambres de culture

Etuve à température constante. — Régulateur de chaleur. — Chambre à air froid. — Régulateur des basses températures.

Il est nécessaire, pour cultiver les bactéries d'une eau suspecte et décéler surtout la présence des espèces pathogènes d'exécuter les cultures à la température la plus favorable à leur développement, c'est-à-dire à 37° C. Beaucoup d'organismes en effet n'entrent en pleine végétation que sous l'influence de la chaleur ; leurs spores disséminées dans les eaux attendant dans un état de vie latente l'occasion de se développer.

Si l'on n'a à faire qu'un nombre restreint de cultures, la simple petite étuve de Klein (fig. 8) représentée ci-contre suffit à tous les besoins, mais la plupart du temps le grand nombre des flacons ensemencés exige une véritable armoire chauffée. Celle de Pasteur présente l'avantage de fournir une température croissante de bas en haut, température que l'on apprécie facilement avec des thermomètres placés sur chaque étagère. Elle est tout en bois à double porte vitrée. Le chauffage qui peut être porté jusqu'à cinquante degrés s'effectue au moyen de la vapeur d'eau et est réglé par un régulateur à gaz.

La couveuse d'Arsonval avec porte vitrée est aussi très convenable pour les petites cultures.

Les régulateurs de chaleur sont presque tous basés sur la dilatation d'un volume d'eau, d'air ou de mercure sous l'influence d'un accroissement de température. En se basant sur ce principe on en a construit un très grand nombre qui se valent à peu près mais que nous ne pouvons tous décrire. Nous nous bornerons à parler du régulateur d'Arsonval à membrane élastique et du régulateur à mercure.

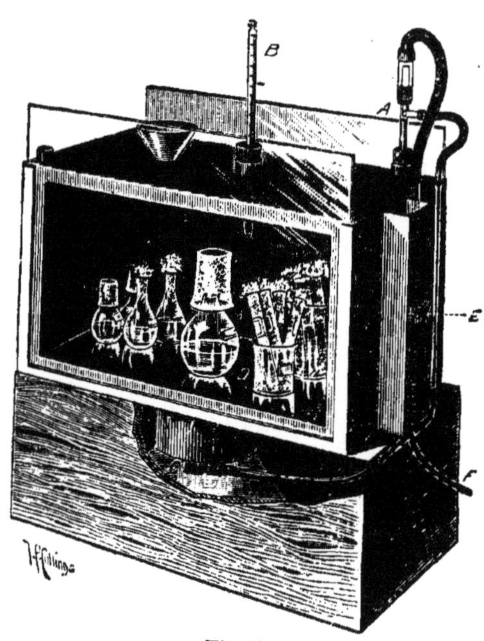

Fig. 8.

Dans le régulateur d'Arsonval c'est la masse d'eau toute entière contenue dans la double paroi de l'étuve qui en se dilatant agit pour régler la température. Pour cela la paroi extérieure de l'étuve est percée d'une ouverture contre laquelle est appliquée par un ajutage une mince membrane de caouthouc. L'on comprend que cette membrane se distendra plus ou moins selon que la pression augmentera dans le vase contre lequel elle est appliquée. Celui-ci n'est point en effet ouvert librement par le haut ; il ne communique avec l'extérieur que par une ouverture terminée par un tube dans lequel l'eau s'élève à mesure qu'elle se dilate. En réalité c'est la hauteur de la colonne d'eau dans le tube qui règle la tension de la membrane et cette hauteur croît avec la température par suite de la dilatation de l'eau. Le gaz arrive dans une petite chambre close, conique, appliquée contre la membrane de caoutchouc par un tube perpendiculaire à la membrane et dont l'ouverture peut être fermée quand celle-ci se gonfle. Il en sort par une ouverture latérale de la chambre. La température s'abaisse-t-elle le caoutchouc revient sur lui-même livrant passage au gaz qui passe librement dans la chambre puis dans le tube de sortie ; s'élève-t-elle au contraire le caoutchouc fait saillie dans la chambre, bouche l'extrémité du tube et le gaz cesse d'arriver. La flamme s'éteindrait tout à fait à ce moment si un tout petit trou percé latéralement dans le tube d'arrivée et absolument indépendant de la membrane ne laissait toujours passer la stricte quantité de gaz nécessaire pour en empêcher l'extinction totale. On règle l'appareil d'abord en poussant le tube conducteur contre la membrane puis en ajoutant ou en retirant de l'eau du tube qui surmonte le réservoir.

Le régulateur à mercure est un réservoir thermométrique de 30 ou 40 cent. cubes contenant soit du mercure, soit un magasin à air sur lequel repose une colonne de mercure. Au réservoir plongé dans l'eau de l'étuve est soudé un tube de verre qui s'engage dans un second tube plus grand auquel sont fixés le tube d'arrivée et le tube de sortie du gaz. Le tube d'arrivée effilé et taillé en biseau plonge dans le mercure qui remplit tout le tube faisant suite au réservoir. La température s'abaisse-t-elle l'extrémité du tube de conduite est rendue libre et le gaz passe, s'élève-t-elle au contraire le mercure remonte de nouveau.

Ces deux régulateurs sont d'une précision parfaite et règlent la température à un dixième de degré près quand ils sont bien construits ; ils présentent l'inconvénient de ne s'appliquer qu'aux étuves à eau et aux étuves de petite dimension : de plus, leur action n'est efficace que si l'on porte la température à un degré plus élevé que celui de l'air ambiant. Pour obvier à ses inconvénients et obtenir une égalité absolue de température, M. le docteur Miquel a fait construire un thermo-régulateur basé sur le coefficient de dilatation du zinc.

Le thermo-régulateur du docteur Miquel se compose d'une grande plaque de marbre verticale longue de 1^m 10 et large de 0^m 8, supportant deux barres de zinc parallèles dont les dilatations s'ajoutent l'une à l'autre sous l'action d'un levier. Un second levier inférieur transmet le mouvement à une barre placée entre les deux autres et qui, par son mouvement à droite ou à gauche comprime deux tubes de caoutchouc conduisant l'un l'eau froide, l'autre le gaz. Le réglage de l'appareil s'effectue au moyen de vis latérales qui compriment plus ou moins les tubes de caoutchouc. Or l'appareil étant disposé dans une armoire vitrée subira l'action de la température sur toute sa hauteur et donnera ainsi la moyenne de cette température. Si l'armoire où il se trouve placé est traversée par un courant d'eau froide, la température s'abaissant trop le levier mû par la contraction du zinc fermera le tube du débit de l'eau et ouvrira celui du gaz, d'où élévation de température. Si au contraire celle-ci s'élève, le zinc, en se dilatant fermera le conduit de chaleur et ouvrira celui de froid. Comme on peut s'en rendre compte par cette sommaire description le thermo-régulateur peut régler toutes les température comprises entre celle que peut donner un appareil de chauffage au gaz et un courant d'eau à 0°. Dans la pratique, on se sert de l'eau de la ville de Paris qui possède toujours à sa sortie des tuyaux de conduite une température voisine de 14°. La description complète de cet appareil a été donnée dans les *Annales de Micrographie* et nous y renvoyons le lecteur (1).

CHAPITRE V

Milieux de culture liquides. — Préparation et stérilisation.

Il existe presqu'autant de formules de milieux de cultures que de bactériologistes ; chacun s'ingéniant à trouver la meilleure composition nutritive pour les espèces qu'il étudie particulièrement. Cette multiplicité des formules est parfaitement inutile dans le cas présent, et il vaudrait mieux, ainsi que le fait justement remarquer M. Benoist (2), que l'on adoptât pour l'analyse des eaux une formule unique permettant d'identifier entre eux les résultats obtenus par les divers observateurs. Les formu-

1. Dr Miquel, *Sur un nouveau thermo-régulateur. Annales de micrographie*, 1889, t. I, p. 119-127.

2. L. Benoist. *Préparation de quelques milieux nutritifs. Annales de micrographie*, t. I, p. 75-78.

les que nous allons donner seront donc peu nombreuses, mais nous aurons soin de choisir celles qui ont pour elles la consécration d'une longue pratique.

Bouillon de bœuf (Benoist). L'on prend 1/2 à 1 kilog. de viande maigre par litre d'eau, l'on fait bouillir, l'on écume et l'on maintient le bouillon en ébullition pendant cinq heures. Laisser reposer dans un lieu frais jusqu'au lendemain. La graisse forme sur le bouillon refroidi une croûte plus ou moins épaisse et dure, que l'on enlève avec l'écumoire d'abord puis en passant le liquide à travers un linge humecté. Ramener au volume primitif et neutraliser avec une solution de soude caustique au 10e (3 cent. cubes par kilog. de viande). Faire bouillir 10 minutes, filtrer et ajouter 10 gr. de sel marin par litre.

Le bouillon est reçu dans des ballons de un ou deux litres de capacité dans lesquels il doit être tenu en réserve ou bien distribué directement dans les flacons de culture. A ce moment il n'est point stérilisé et ne tarderait point si on l'abandonnait à lui-même à devenir le siège d'un abondant développement de bactéries. Il est donc nécessaire de stériliser le bouillon dans les vases mêmes où il sera conservé. Les ballons soigneusement bouchés avec des tampons de ouate recouverts d'un petit capuchon de papier buvard et les flacons de culture sont déposés dans l'autoclave et maintenus à 110° pendant une demi-heure.

Il est préférable de renouveler l'opération une seconde fois à 24 heures d'intervalle que de porter le bouillon à une température plus élevée que celle de 110°. L'excès de chaleur a pour résultat de précipiter une grande quantité des matières albuminoides contenues dans le bouillon : celui-ci se trouble et exige alors une nouvelle filtration et par conséquent une nouvelle stérilisation.

Si l'on ne disposait pas d'un autoclave, on pourrait stériliser le bouillon en suivant l'ancienne méthode des ébullitions successives. Celle-ci consiste à prendre chaque récipient l'un après l'autre et à le porter à l'ébullition pendant 10 minutes ou un quart d'heure sur la flamme d'un bec Bunsen. Les vases sont ensuite déposés dans l'étuve à 38° pendant 24 heures, soumis à une nouvelle ébullition, reportés à l'étuve et rebouillis. Les chauffes successives ont pour but de détruire les bactéries issues d'une chauffe à l'autre des spores qui avaient résisté aux premières ébullitions. Un séjour de huit jours dans l'étuve à 38° prouve la stérilisation parfaite des bouillons si ceux-ci demeurent limpides. Ce moyen est naturellement beaucoup moins expéditif que le premier. Il exige beaucoup plus de soins et l'on doit prendre alors la précaution de stériliser préalablement à part dans l'étuve à air chaud les vases et la ouate que l'on se proposera d'employer.

Bouillon artificiel (Benoist). On fait bouillir pendant quelques minutes : Eau 1000, Peptone Chapoteau 20, cendre de bois 0,25, chlorure de sodium 5. Filtrer et ajouter 20 cent. cubes d'une gelée à la gélatine à 10 p 0/0 préalablement clarifiée.

Ce bouillon est, d'après l'auteur, supérieur en sensibilité au bouillon de bœuf ordinaire. Il se traite exactement de la même manière pour ce qui concerne la conservation et la stérilisation.

Liquide de Cohn :		
	Eau distillée.	20 gr.
	Phosphate de potasse	0 gr. 1
	Sulfate de magnésie	0 gr. 1
	Phosphate de chaux tribasique	0 gr. 1
	Acide tartrique	0 gr. 2

Convient surtout à la culture des Mucédinées.

Liquide de Nægeli :	Eau distillée.	100.
	Albumine soluble	1.
	Phosphate de potasse	0,2
	Sulfate de magnésie	0,04
	Chlorate de chaux	0,02

La question la plus importante en dehors de la stérilisation des milieux de culture est celle de leur réaction acide ou alcaline. L'on peut, comme règle générale, établir que pour les bactéries les milieux à réaction légèrement alcaline conviennent parfaitement tandis que le contraire a lieu pour les Mucédinées.

Les flacons de culture directement garnis de bouillon ou les ballons de réserve se gardent indéfiniment après leur stérilisation. Si l'on dispose d'un grand nombre de flacons il vaut mieux naturellement les garnir de bouillon et les conserver ainsi mais le plus souvent on ne les remplira que par séries suivant les besoins en ayant soin de les stériliser par un séjour d'une demi heure à l'autoclave à 110°.

CHAPITRE VI

Milieux de culture solides. — Préparation et conservation.

L'on a cherché à utiliser la propriété qu'ont les bactéries de croître sur la gélatine, l'agar-agar, etc., en formant des colonies de formes variés qui ne peuvent comme dans les milieux liquides se confondre entre elles mais demeurent au contraire, assez longtemps isolés pour pouvoir être reprises, cultivées et isolées. Nous verrons dans les chapitres suivants quelles sont les méthodes d'analyse des eaux qui utilisent l'un ou l'autre de ces milieux et pour le moment nous ne nous occuperons que de la préparation de ceux qui présentent l'emploi le plus usité dans l'analyse bactériologique.

Gélatine nutritive (1). — L'on porte à l'ébullition un litre d'eau dans une capsule en cuivre étamé et l'on y ajoute 20 gr. de peptone Chapoteau et 5 gr. de chlorure de sodium. On agite lentement jusqu'à la dissolution. On ajoute ensuite 100 gr. gélatine Coignet n° 1 coupée par petits morceaux et l'on neutralise après dissolution en y ajoutant pour la quantité ci-dessus 1 cent. cube de solution de soude caustique à 10 p. 0/0. Eviter de mettre un excès de soude.

La principale difficulté de la préparation des milieux solides est leur clarification. Une gelée mal préparée est trouble, opalescente et se prête mal à l'observation des colonies formées dans sa masse.

D'après M. Benoist, l'habile préparateur du laboratoire de la ville de Paris, la clarification des gelées s'effectue beaucoup mieux par l'action des blancs d'œufs que par la filtration à chaud. Celle-ci est en effet très longue, pénible à effectuer et ne peut guère être tentée que sur de petites quantités de matières.

Pour clarifier la gelée ci-dessus, l'on dissout deux blancs d'œufs dans cent centimètres cubes d'eau et on verse le mélange dans la gelée à 60°. On agite vivement et tout en remuant on porte la température à 100°; après une courte ébullition on laisse refroidir. On filtre sur un linge fin et sur une bourre de coton et l'on obtient un liquide transparent, jaunâtre, qui fait prise en se refroidissant à la température de 22.

1. Formule du laboratoire d'analyse des eaux de la ville de Paris.

Gelée d'Agar-Agar. — Cette substance présente sur la gélatine l'avantage de demeurer solide à une température plus élevée et de permettre ainsi des cultures sur plaques ou en tubes d'organismes pathogènes à 38°. Mais d'autre part elle offre toujours un aspect opalin qui gêne quelque peu l'observation.

Sa préparation s'effectue comme celle de la gélatine mais pour obvier à son peu de transparence on en met une dose moins grande 5 p. 0/0 environ.

La gélatine chauffée pendant longtemps à une haute température perd peu à peu la propriété de se solidifier. Il n'en est point de même de l'Agar-Agar. En se basant sur ce fait M. de Freudenreich (1) filtre des gelées composées de cette substance en en versant un litre dans un grand entonnoir muni d'un filtre de papier et porté par un flacon, le tout étant placé dans l'autoclave à 115° pendant une demi-heure.

Gelée de lichen peptonisée. — En ajoutant 50 gr. de lichen blanc à un litre de bouillon peptone, laissant macérer plusieurs heures et chauffant à près de 100°, le Dr Miquel a obtenu une gelée solide mais un peu trouble, fondant à 40° qu'il a utilisée pour la préparation d'un papier nutritif. Nous reviendrons plus en détail sur l'élégant procédé d'analyse par les papiers nutritifs basé sur la propriété que possède la gelée de se dessécher rapidement en devenant infertile et d'absorber rapidement à un moment donné une quantité considérable d'eau.

Les gelées préparées et filtrées se conservent pour l'usage de la même manière que les bouillons. Elles se prêtent à des modes de culture beaucoup plus variés que ceux-ci et peuvent être placées dans des tubes à essai, dans des fla-

1. De Freudenreich, *Zur Bereitung des Agar-Agar. Centralblatt für Bacteriologie und Parasitenkunde*, Bd. III, S. 797.

cons de Freudenreich (fig. 9), dans des boîtes de verres rodées ou des flacons de Miquel (fig. 10) ou bien enfin étalées sur des lames de verre ou sur du papier.

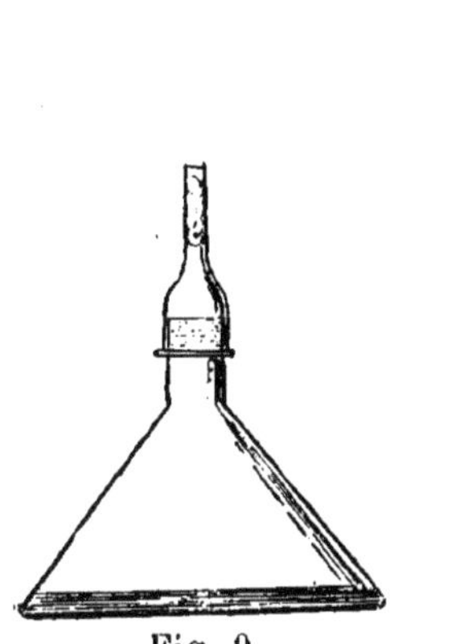
Fig. 9.

Fig. 10.

Lorsque l'on se propose de faire des ensemencements dans des tubes à essai par le procédé des piqûres ou des stries on verse une certaine quantité de gelée, dans des tubes stérilisés à l'air chaud et bouchés avec du coton également stérilisé ; on passe le tout à l'autoclave à 110°, si la gelée est à base de gélatine, à 115° si elle est à base d'agar-agar et l'on dispose les tubes pendant le refroidissement de telle sorte que la surface libre de la gelée soit oblique par rapport à leurs parois. En d'autres termes les tubes sont inclinés à une angle de 45° environ. Ce dispositif s'obtient facilement dans le panier même de l'autoclave et l'on n'a plus qu'à laisser refroidir l'appareil avant d'en retirer les tubes.

CHAPITRE VII

Ensemencements.

Cette opération consiste : à transporter une ou plusieurs espèces de bactéries provenant soit d'une culture naturelle, soit d'une culture artificielle dans un milieu nutritif absolument stérilisé. La difficulté qu'elle présente est due à la présence dans l'air de germes ou de spores flottant avec les poussières et susceptibles de tomber dans la culture, de s'y développer et de troubler ainsi les résultats de l'expérience soit en vivant concurremment avec l'espèce ensemencée, soit même en se substituant complètement à elle. La quantité des germes atmosphériques n'est pourtant pas si considérable dans les endroits où l'air est peu agité qu'on ne puisse, en prenant quelques précautions, réduire au minimum les chances de contamination. Nous disons réduire et non annihiler parce que presque toujours sur un grand nombre d'ensemencements il en est quelques-uns de contaminés, mais comme on opère toujours sur une certaine quantité de tubes ou de flacons, que de plus la contamination se manifeste souvent par l'apparition d'espèces absolument différentes de celle que l'on étudie, la moyenne des observations garde toute sa valeur.

Pour ensemencer un milieu liquide, on se sert soit d'un fil de platine courbé en boucle et stérilisé par le passage à travers une flamme puis refroidi, soit d'une pipette flambée. Le premier instrument est utile pour transporter une goutelette infiniment petite d'une culture dans un tube ou tout autre vase stérilisé ; la pipette sert surtout pour l'ensemencement des cultures avec l'eau que l'on désire analyser et que l'on a généralement amenée à un certain degré de dilution avec de l'eau stérilisée.

Prenons le cas le plus simple, l'ensemencement d'une eau supposée pure dans des flacons de bouillon. Ces flacons sont disposés à portée de la main : on les prend un à un, on en flambe rapidement le col en le passant à travers la flamme d'un bec Bunsen et enlevant le capuchon on laisse tomber une ou deux gouttes d'eau dans chacun d'eux.

Que l'on veuille au contraire ensemencer une culture quelconque de bactéries dans un flacon de bouillon, on prend le fil de platine, on le flambe et on le laisse refroidir une minute ; on le plonge dans la culture à ensemencer puis débouchant le flacon de bouillon stérilisé on y plonge le fil auquel adhère une toute petite goutte de liquide. D'habitude on a une tendance à mettre trop de bactéries dans le milieu que l'on ensemence. Souvent le fil simple sans boucle terminale emporte assez de matériaux pour l'ensemencement.

Lorsque l'on a affaire à des milieux solides l'ensemencement peut se faire de deux manières, par mélange ou par piqûre. L'ensemencement par mélange répand les bactéries dans toute la masse du milieu nutritif et est employé surtout pour les cultures en large surface sur lames de verre ou dans les flacons Miquel. L'ensemencement par piqûre consiste comme son nom l'indique à piquer la masse solide au moyen du fil de platine porteur des bactéries.

Dans le premier cas ; on liquéfie la gelée nutritive à une température aussi peu élevée que possible et l'on procède à l'ensemencement de la même manière que dans le bouillon.

Dans le procédé par piqûre on prend le tube ou le flacon à ensemencer, on le débouche, en tenant l'ouverture dirigée en bas et l'on plonge dans la gelée solide le fil de platine qui entraîne sur tout son trajet les organismes attachés à sa surface et les abandonne le long de la strie ainsi formée. Ce mode d'ensemencement est un des plus usités; il réunit les avantages d'une culture en surface et d'une culture en profondeur ; l'on peut suivre les modifications produites sur les colonies par l'action plus ou moins directe de l'air à leur contact.

Les précautions à prendre dans l'ensemencement pour éviter la contamination accidentelle des cultures sont: 1° le flambage strict et parfait du col des flacons, des pipettes ou des fils de platine; 2° la promptitude de l'opération qui diminue le temps d'exposition à l'air de la surface stérilisée et par conséquent les chances d'infection.

CHAPITRE VIII

Essais préliminaires d'une eau par les papiers nutritifs.

Cette élégante méthode publiée dans l'annuaire de Montsouris présente le grand avantage de ne nécessiter qu'un très petit nombre d'instruments et de pouvoir être employée en voyage, dans les endroits dénués des moyens d'observation habituels. Grâce à elle l'on peut en un temps très court se rendre approximativement compte de la teneur d'une eau en bactéries et juger s'il y a lieu de procéder à une analyse plus complète. De plus les cultures ainsi effectuées se gardent indéfiniment et peuvent être consultées comme de véritables photographies. Il y aurait là tout un chapitre de recherches à poursuivre et il serait à souhaiter que l'on appliquât ce principe à une méthode plus rigoureuse.

Quoi qu'il en soit voici comment l'on procède :

Dans une gelée de lichen peptonisée, liquéfiée à 40°, on trempe des feuilles de papier fort que l'on dessèche ensuite à l'étuve. On enveloppe ensuite chaque feuille à part dans du papier à filtrer et l'on soumet le tout à la stérilisation dans l'autoclave à 110°. Le papier se garde ainsi indéfiniment pour l'usage. Au moment de s'en servir on le suspend par un fil de platine dans une éprouvette bouchée à l'émeri, on le tare et on le plonge dans l'eau à analyser. Au bout de cinq minutes on l'enlève et on lui fait subir une seconde pesée qui donne le poids de l'eau absorbée. Le papier abandonné dans l'air humide se couvre de colonies et au bout d'une vingtaine de jours on le dessèche rapidement sous une cloche à chlorure de calcium.

Il reste à le colorer de la façon suivante :

a. Le papier nutritif, récent ou ancien, sec ou humide, couvert de taches microbiennes ou de moisissures, est plongé pendant quelques minutes dans une solution aqueuse d'alun cristallisé, puis dans de l'eau ordinaire.

Cette opération préliminaire a pour double but d'insolubiliser légèrement la gelée et de mordancer les surfaces à colorer.

b. La bande de papier, bien lavée, est alors immergée de vingt à trente secondes dans une solution de sulfate d'indigo titrant 2^{gr} d'indigotine pure par litre. Ce bain se fait de la manière suivante : 2^{gr} d'indigotine cristallisée sont mis à digérer pendant vingt-quatre heures avec 40^{gr} à 50^{gr} d'acide sulfurique fumant de Saxe, et le mélange qui en résulte devenu soluble, est jeté dans 1^{lit} d'eau ; on neutralise partiellement la liqueur très acide, et l'on a ainsi la solution prête pour l'usage.

Au contact de la liqueur sulfindigotique, le papier et les bactéries se colorent promptement ; on pousse au noir la teinte des colonies et des moisissures, qui se détachent très visiblement sur la teinte moins foncée acquise par la gelée.

c. Il s'agit maintenant de remplacer le fond bleu clair de la gelée par un fond blanc ; on y arrive en introduisant, après un lavage soigné, la feuille dans un bain de permanganate de potasse à 1 pour 1000 ; la gelée bleu clair passe au violet, ensuite au rose ; on lave une troisième fois et l'opération est terminée. Il importe de suivre attentivement cette dernière manipulation qui dure une demi-minute : l'action trop prolongée du permanganate affaiblirait la teinte des colonies ; si l'expérimentateur commettait cette faute le mal serait aisément réparable, il suffirait de replonger le papier dans l'indigo.

d. Pour donner plus de blancheur aux épreuves et arrêter immédiatement l'action décolorante du permanganate resté en excès sur la gelée, on peut laisser séjourner quatre-vingts secondes la bande de papier dans un bain faible d'acide oxalique (de 1 à 5 pour 100), puis enfin on lave à grande eau.

Les bactéries et les moisissures apparaissent finalement en beau bleu sur fond blanc ; en séchant, les couleurs acquièrent une grande intensité.

CHAPITRE IX

Analyse bactériologique quantitative par la méthode du fractionnement dans le bouillon.

Dans les premières pages de ce traité il a été indiqué sommairement quels étaient les procédés par lesquels en s'efforçait de déterminer la richesse d'une eau en bactéries. Nous avons vu que certains observateurs procédaient à des ensemencements dans le bouillon d'eau très diluée et calculaient ensuite le nombre des bactéries d'après le tant pour cent de récipients contaminés en tenant compte du degré de dilution de l'eau. Nous avons vu également que les observateurs allemands préféraient se servir de gelées nutritives additionnées à l'état liquide d'un volume d'eau connu puis versées sur des plaques de verre de façon à permettre la numération des colonies développées. Ces deux procédés présentent chacun leurs avantages et leurs inconvénients et le docteur Miquel a heureusement tenté de les combiner pour en constituer sa méthode mixte que nous aurons l'occasion d'examiner. Commençons par exposer aussi pratiquement que possible le procédé du fractionnement dans les milieux liquides.

L'eau apportée au laboratoire est maintenue à 0° soit dans une glacière spéciale soit dans la petite glacière portative qui a servi à la transporter. L'on commence par procéder à un essai préliminaire à un titrage approximatif de la richesse bactéridienne de l'échantillon. Cet essai se fait en en diluant dans 100 cent. cubes d'eau stérilisée à 110° un cent. cube et ensemençant quelques flacons de bouillon à 1 p. 100, 1 p. 1000 et même 1 p 10000 et en ensemençant aussi quatre ou cinq autres flacons avec 1 goutte de l'eau non diluée. Après 24 heures de séjour à l'étuve l'état des flacons indique le titre approximatif en bactéries. Si les flacons ensemencés au 100me restent purs il est évident que l'eau est relativement pauvre si au contraire ceux ensemencés au 1000me dénotent une abondante végétation, l'eau est très impure.

Cet essai sert de guide pour la dilution et selon la pureté de l'eau celle-ci est effectuée au 100me, au 1000me, au 10000me, etc.

L'on se sert pour effectuer les dilutions de grands matras de 30 à 20000 cc.. de même forme que les ballons Pasteur et contenant de l'eau stérilisée à l'autoclave. Des pipettes en verre stérilisé et contenant à leur partie supérieure une bourre de laine de verre servent au prélèvement des gouttes.

Les flacons disposés en séries dans leurs boîtes sont ensemencés moitié avec une goutte, moitié avec deux gouttes recueillies en deux points de la masse liquide. L'on ensemence ainsi quatre séries de 18 flacons et l'on abandonne le tout à l'étuve pendant quinze jours. Après ce laps de temps on procède à la numération des flacons infestés en rejetant les séries contenant plus de 20 à 30 p. 0/0 de cas d'altération.

Ce procédé est basé sur l'observation suivante, à savoir qu'une eau chargée de bactéries, peut par une dilution convenable, être amenée à en contenir un nombre si restreint par cent. cube que toutes les gouttes puisées dans sa masse n'en contiennent point fatalement une. Or si l'on admet que par suite des précautions prises, agitation du mélange, prélèvement à divers points de la masse la dispersion des bactéries est uniforme il est clair qu'étant donnée un volume d'eau déterminé il sera facile de déduire du résultat fourni par ce volume de celui qu'eût fourni la masse entière de l'échantillon supposé homogène.

Ce procédé dû à M. le docteur Miquel à qui nous empruntons la plupart des détails concernant sa technique n'a pas été sans soulever quelques objection. L'on a dit par exemple que la dispersion dans la masse d'eau des germes bactériens pouvait n'être pas uniforme ; qu'une goutte pouvait renfermer plusieurs germes à côté d'un autre goutte n'en contenant pas du tout. L'objection nous paraîtrait juste si l'on n'opérait que sur un tout petit nombre de flacons mais il ne faut point oublier que l'observateur prend en réalité une moyenne et que de cette façon ses résultats doivent se rapprocher à très peu près de la vérité.

La nécessité même d'opérer sur un aussi grand nombre de flacons constitue à elle seule un des plus grands inconvénients de la méthode du fractionnement. Si l'on calcule ce que coûtent les matériaux de telles cultures l'on est forcément arrivé à conclure que ces travaux ne peuvent être entrepris que dans un laboratoire bien outillé et disposant de ressources considérables bien au-dessus des moyens d'un simple particulier, mais ajoutons que ces considérations sont d'ordre extra-scientifique et n'enlèvent rien à la valeur intrinsèque de la méthode.

CHAPITRE X

Analyse bactériologique sur plaques de gélatine nutritive.

Un volume déterminé de l'eau à analyser est mélangé doucement à quelques cent. cubes de gélatine nutritive liquéfiée à 35°. Cette gélatine est versée sur une ou plusieurs plaques de verre déposées sous une cloche qui repose elle-même sur du papier buvard humecté. La gélatine fait prise englobant dans sa masse les bactéries qu'on y a répandues et l'on attend que celles-ci se développent. Au bout de quelques jours en effet apparaissent çà et là sur les plaques de petites taches blanchâtres ou colorées qui grandissent à vue d'œil en prenant les formes les plus variées. Quand on juge que le développement est complet et que tous les germes se sont assez développés pour être visibles à l'œil nu on les compte et on en déduit le nombre de bactéries contenu dans l'échantillon ainsi analysé.

Il est extrêmement curieux et intéressant de suivre ainsi le développement des bactéries sur une plaque de gélatine nutritive mais l'on ne tarde pas à se convaincre que par suite de l'inégale rapidité de croissance des organismes, certains d'entre eux rendent bientôt impropre au développement de leurs voisins le milieu qui les entoure et que de cette manière les résultats de la numération sont complètement faussés.

La plus grande objection que l'on ait formulée contre le procédé à la gélatine est la basse température à laquelle doivent être faites les cultures. L'on arrive ainsi à faire développer une riche végétation des bactériacées saprophytes mais que deviennent les organismes pathogènes qui exigent pour se développer la température du corps humain ? Chacun sait quelles différences énormes peuvent exister entre les températures les plus favorables à l'accroissement des deux espèces de bactéries. Les unes vivent fort bien, à 5° au-dessous de 0°, les autres exigent pour se développer la température de 70° centigrades. Il nous paraît donc rationnel, puisque le but de l'analyse bactériologique est avant tout pratique, qu'elle se propose de rechercher les bactéries nuisibles à l'organisme humain, de se rapprocher autant que possible des conditions que fournit cet organisme aux microbes.

Aucun autre milieu par contre ne se prête aussi bien à l'étude microscopique des bactériacées. Amenés à un degré de dilution convenable, ses organismes croissent assez longtemps les uns à côté des autres et l'aspect de leurs colonies apparaît d'une manière frappante dans son infinie variété. Malheureusement les espérances que l'on avait basées sur cet aspect macroscopique pour classer et déterminer ces êtres si semblables entre eux sous l'objectif s'évanouissent chaque jour davantage. La spécificite pathogène elle-même des formes les plus nettes commence à être mise en doute et il semble que plus l'homme avance dans cette voie nouvellement créée, plus les points de repères s'écartent sur son passage pour ne lui laisser voir que des tronçons isolés à peine reliés entre eux par l'impérieux besoin de généralisation.

CHAPITRE XI

Culture par fractionnement dans la gelée nutritive.

L'on a accusé la méthode de culture par fractionnement dans le bouillon, de donner des résultats entachés d'erreur par suite de l'impossibilité où se trouve l'observateur de savoir s'il a introduit dans une même culture plusieurs germes à la fois et l'on a invoqué justement en faveur de la méthode sur gelées nutritives l'absence d'une telle cause d'erreur. Il nous semble d'abord que cette dernière croyance n'est point justifiée, car étant donné le développement inégal des bactériacées à la température de 20°, il est fort probable ou au moins fort possible que certaines colonies couvrent et détruisent des germes plus faibles placées à côté d'elles et la cause d'erreur introduite par ce fait dans la numération des bactéries est d'autant plus grande que les échantillons d'eau sont moins dilués.

C'est pour se soustraire à cette possibilité d'erreur et bénéficier à la fois des avantages des deux procédés que M. le Dr Miquel a imaginé un procédé mixte qui n'est autre chose que le procédé par fractionnement appliqué aux gelées nutritives au lieu du bouillon. On liquéfie à une douce chaleur dans une étuve à eau des séries de flacons de gelée nutritive et l'on procède à l'ensemencement avec de l'eau diluée exactement de la même manière que si les flacons contenaient du bouillon. Il est plus commode dans ce cas de se servir des flacons coniques qui permettent ensuite un examen plus complet des cultures.

Les meilleures gelées nutritives pour ces analyses sont celles d'agar-agar et de lichen peptonisé qui résistent à une température de 35° et favorisent par conséquent le développement rapide des colonies.

Pour mieux mettre en évidence les rapports de sensibilité des diverses méthodes, nous donnons ici le résumé de 25 expériences faites au laboratoire de Montsouris en 1888 avec la même eau suivant les 3 procédés des plaques du fractionnement dans les gelées et du fractionnement dans le bouillon. Les chiffres entre parenthèses indiquent le nombre de jours au bout desquels la gélatine s'est liquéfiée.

	Nombre de bactéries par cent. cube dans la même eau par le procédé			
	des plaques		mixte	du bouillon
1re expérience	58	(9)	171	232
2e —	100	(11)	190	128
3e —	330	(17)	375	385
4e —	215	(25)	285	310
5e —	285	(18)	271	382
6e —	44	(30)	57	57
7e —	143	(8)	1285	(525)
8e —	178	(15)	500	516
9e —	72	(9)	320	330
10e —	107	non liq.	107	215
11e —	89	(12)	250	230

12e	—	710	(7)	2850	3160
13e	—	125	(24)	335	138
14e	—	89	(8)	320	416
15e	—	1430	(20)	2590	1800
16e	—	57	non liq.	46	57
17e	—	250	(28)	250	320
18e	—	128	(21)	285	290
19e	—	740	(17)	885	1010
20e	—	3390	(16)	10890	15400
21e	—	10000	(13	15710	13210
22e	—	6070	(17)	4285	6875
23e	—	1250	(21)	1600	2780
24e	—	2500	(20)	7850	6670
15e	—	715	(18)	1430	820

Un simple coup d'œil jeté sur les trois colonnes de ce tableau montre quelle énorme différence présentent la plupart des cultures sur plaques avec les cultures mixtes et les cultures par fractionnement dans le bouillon. Les expériences ayant été exécutées dans des conditions absolument identiques sont comparables entre elles et l'on voit que, sauf de très rares exceptions, le dernier procédé est celui qui a présenté la sensibilité la plus grande.

DEUXIÈME PARTIE

ANALYSE DE L'EAU AU POINT DE VUE DES ORGANISNES AUTRES QUE LES BACTÉRIES

CHAPITRE XII

Considérations générales.

Si l'analyse d'une eau au point de vue bactériologique peut s'effectuer par des procédés rigoureux et à peu près sûrs, il n'en est point de même en ce qui regarde les organismes si variés qu'elle peut recéler, organismes qui appartiennent pour la plupart à ce règne douteux des Protistes dans lesquels les caractères du végétal se réunissent à ceux de l'animal pour constituer le monde unicellulaire, base même des deux règnes. Leur importance envisagée au point de vue spécial de l'étiologie des maladies est du reste beaucoup moindre que celle des schizomycètes en compagnie desquels on les rencontre et leur étude présenterait ici un intérêt tout à fait secondaire si l'on ne tenait compte des relations intimes qui réunissent entre eux les êtres vivants en général et des influences réciproques que ces êtres exercent constamment les uns sur les autres dans l'admirable ordonnancement de la nature.

Une autre considération d'ailleurs nous impose l'obligation de porter nos investigations sur les organismes autres que les bactériacées et cette considération d'ordre pratique est la suivante : L'on a jusqu'à présent constaté le rôle des Schizomycètes dans un grand nombre de maladies infectieuses, mais est-ce à dire pour cela qu'à ces seuls Schizomycètes soit dévolu le triste rôle d'agents contaminateurs ? N'existe-t-il point aussi nombre de maladies dont la cause actuelle nous échappe et qui relèvent directement des Myxomycètes, des Sporozoaires, des Flagellés ? Nous constatons journellement chez les animaux et les végétaux qui nous entourent l'envahissement souvent mortel d'une espèce quelconque de protophyte ou de protozoaire et rien ne prouve que l'homme possède seul le privilège d'échapper à leurs attaques. Il serait plus rationnel d'admettre que moins bien connus, moins étudiés que les bactériacées, ces êtres échappent plus facilement aux investigations des médecins et que les progrès de la science en feront un jour des agents de mort aussi redoutables parfois que leurs congénères les Schizomycètes.

L'on connaît déjà d'ailleurs un certain nombre d'affections dues à des organismes unicellulaires microscopiques distincts des bactéries.

L'actinomycose dont l'étude a été reprise dernièrement par plusieurs observateurs cause souvent la mort et provient du développement dans l'organisme d'une moisissure.

Le Dr Grassi a signalé dans le tube digestif de l'homme un certain nombre d'infusoires flagellés dont la présence déterminait parfois une diarrhée rebelle. (*Megastoma entericum.*)

L'*Amœba coli*, de la famille des rhizopodes, le *Balantidium coli*, dela famille des infusoires ciliés, sont cités dans tous les traités classiques de zoologie médicale.

Bien plus redoutables encore sont les Sporozoaires, les Sarcosporidies, les Coccidies, et si l'étude de leur nocivité, à peine ébauchée jusqu'ici laisse encore un large champ ouvert aux recherches des micrographes, cela est dû certainement moins à leur rareté qu'à l'imperfection de nos moyens de recherche.

La plupart de ces êtres microscopiques sont introduits dans le tube digestif avec les aliments ou avec les boissons, la plupart sont rejetés au dehors avec les excréments et subissent dans les eaux une attente plus ou moins prolongée sous la forme libre ou sous la forme enkystée. Leur étude présente donc une importance réelle qui ira en s'accroissant et, comme nous le disions plus haut, l'examen seul des protophytes et des protozoaires qui vivent dans une eau pourrait suffire à indiquer sa richesse en bactéries tant est étroite la relation qui unit tous ces êtres.

Envisagées au point de vue des organismes qu'elles contiennent, les eaux peuvent être classées en cinq catégories distinguées d'après M. le professeur Maggi par les caractères suivants :

1° Eau privée de toutes sortes d'organismes, — absolument potable. Les eaux de source captées directement à leur sortie du sol sont toujours dans ce cas.

2° Eau laissant un léger dépôt d'algues et de diatomées, une petite quantité de saprophytes, de bactéries saprogènes et nitrogènes avec quelques détritus organiques, — buvable. La plupart des eaux de nos villes appartiennent à cette classe.

3° Eau contenant une quantité notable d'algues et de diatomées nourrissant des infusoires ciliés et flagellés, des saprophytes, des bactéries saprogènes et nitrogènes avec des détritus organiques. Passablement potable.

4° Eau chargée de saprophytes, d'infusoires, de substances organiques provenant des égouts. Suspecte.

5° Eau riche en bactéries, en saprophytes, en infusoires et en substances organiques. Putride. Non potable.

L'étude des protophytes et des protozoaires contenus dans une eau peut s'effectuer de plusieurs manières : par l'examen direct au microscope de petites quantités d'eau ; par l'étude de préparations résultant de la *fixation* et du dépôt des organismes de l'échantillon recueilli.

Le procédé des cultures, applicable aux bactériacées, ne présente point ici les mêmes avantages et convient seulement à la recherche des champignons inférieurs, des moisissures, ou peut servir à provoquer le développement de certaines espèces d'organismes existant primitivement en très petit nombre dans l'échantillon. L'examen de préparations fixées et conservées est au contraire fort utile et méritera d'attirer plus spécialement notre attention.

CHAPITRE XIII

Récolte et fixation sur place des échantillons.

1° *Récolte des échantillons destinés à l'observatian immédiate des organismes.* — Il y a lieu de distinguer deux cas : ou 'on veut simplement savoir quels sont les organismes qui lse trouvent dans l'eau potable et alors l'échantillon sera prélevé exactement, comme nous l'avons indiqué en parlant des échantillons bactériologiques; ou bien encore l'on veut étudier les organismes qui vivent et se développent dans une rivière, dans un réservoir quelconque contenant de l'eau potable. Cette recherche exige énormément de temps et de patience ; elle demeure toujours fatalement ncomplète, car le nombre des espèces qui peuplent les eaux douces est considérable. Tout au plus peut-on espérer obtenir une flore et une faune d'ensemble qui indiqueront le degré de pureté et d'oxygénation de l'eau.

Quoi qu'il en soit dans ce dernier cas, on s'attachera à recueillir l'eau près des bords du réservoir, entre les algues qui en tapissent les parois ; on en prendra même quelques poignées dont on exprimera l'eau dans un flacon et l'on y introduira quelques touffes sans les froisser. Il faudra éviter de comprimer et d'entasser les produits de la récolte, ce qui hâterait infailliblement la putréfaction et l'on aura soin de ne remplir les vases qu'aux trois quarts seulement pour favoriser l'aération du contenu.

Un grand nombre de formes d'infusoires disparaissent rapidement dès que survient le moindre changement dans le milieu qui les entoure. On tiendra donc les flacons de récolte dans un lieu frais, autant que possible à la température même ou se trouvait l'eau du réservoir.

Les flacons rapportés au laboratoire seront immédiatement débouchés et leur contenu sera versé dans de petits cristallisoirs soigneusement nettoyés et recouverts d'un disque de verre. On les tiendra dans un lieu frais.

Pour le traitement ultérieur de ces échantillons nous renvoyons aux chapitres suivants.

2° *Fixation sur place des échantillons destinés à un examen ultérieur.* — Cette méthode préconisée en France par M. Certes, consiste à tuer par l'adjonction à l'échantillon d'eau d'une certaine quantité de réactif, tous les organismes qu'elle contenait. Ceux-ci tombent au fond et y forment un dépôt qu'il est ensuite facile de recueillir, de colorer, de conserver et d'examiner à loisir. Ses avantages sont nombreux et faciles à comprendre ; seule elle permet par son extrême sensibilité de déceler dans un volume d'eau relativement considérable la présence d'un ou deux

CHAPITRE XIV

Culture des Mucédinées.

La principale difficulté consiste à trouver le milieu le plus favorable au développement complet des espèces. Si nous nous bornons cependant à la recherche des formes vivant dans les eaux douces, nous pourrons les obtenir facilement en acidulant les milieux de culture dont nous avons déjà donné les formules pour la culture des Bactéries. Ces derniers organismes vivant difficilement dans les milieux acides laisseront le champ libre aux spores des moisissures qui ne tarderont pas à s'accroître rapidement.

Pour cette étude la culture sur plaques rend de réels services ; les germes des Mucédinées sont beaucoup plus clairsemés que ceux des bactéries. En acidulant d'acide tartrique la gélatine peptonisée, l'agar-agar, etc., et mélangeant un volume d'eau déterminé à ces substances que l'on fait ensuite solidifier sur une lame de verre, on obtient de magnifiques cultures en chambre humide. Mieux connues que les Bactériacées, les Mucédinées peuvent être déterminées assez facilement (1).

Pour étudier le développement de chacune des espèces obtenues d'un échantillon d'eau il est nécessaire d'en faire des cultures pures. On se sert dans ce but soit de petites boîtes en verre à couvercle rodé soit de tubes à essai préalablement stérilisés. On inocule la substance nutritive avec le fil de platine flambé que l'on aura promené légèrement sur la colonie pour emporter quelques spores, et, si après

(1) Consultez : Brefeld ; de *Schimmelpilze*, Bary, *Beiträge, zur Morphologie und Phys. der Pilze* ; Constantin, *les Mucédinées simples*, etc.

quelques jours de développement on n'obtient pas une culture pure, on recommencera l'opération.

Le mieux est d'inoculer un certain nombre de tubes à la fois, exactement comme si l'on procédait à un ensemencement bactériologique.

Un excellent substratum pour mettre en évidence les mucédinées d'une eau que l'on veut analyser se trouve dans les tranches de pomme de terre cuites à l'autoclave à 115° ou simplement bouillies dans l'eau et coupées ensuite avec un couteau flambé. L'on dispose sur une assiette ou tout autre vase plat un support quelconque soutenant une lame de verre, sur cette lame on dispose quelques tranches de pommes de terre fraîchement coupées et l'on couvre le tout d'une cloche. Une mince couche d'eau au fond de l'assiette prévient toute évaporation. Sur chaque tranche ainsi disposée on laisse tomber une ou deux gouttes de l'eau à analyser et au bout de quelques jours les moisissures forment sur leur surface de petits îlots d'abord épars mais qui, croissant rapidement, tendent à se rejoindre et à se fusionner. Des cultures secondaires effectuées sur d'autres tranches de pomme de terre permettent de garder les espèces aussi longtemps qu'on le désire.

Il est fort probable que l'étude ultérieure et plus approfondie des Champignons filamenteux conduira à la découverte de formes pathogènes ; l'Actinomycose du bœuf est due à une Mucédinée ; l'*Aspergillus fumigatus* inoculé à des lapins les tue rapidement et il serait intéressant de poursuivre dans ce sens une série de recherches sur les Mucédinées des eaux potables.

CHAPITRE XV

Observation des algues et des infusoires.

Ces organismes, ne présentant qu'un intérêt relatif au micrographe qui s'occupe spécialement de l'analyse des eaux ne nous arrèteront pas longtemps. La plupart du temps, loin de jouer le rôle d'agents pathogènes ils contribuent au contraire à l'aération et à l'épuration de l'eau.

Certains de ces organismes cependant ont une réelle importance parce qu'ils indiquent par leur seule présence l'état plus ou moins grand de pureté de l'eau : l'*Euglena viridis*, par exemple, infusoire flagellé vert, fusiforme, muni d'un long flagellum et d'un point rouge oculiforme ne vit que dans les eaux chargées de bactéries. Il abonde surtout près des lieux habités dans les ruisseaux où s'écoulent les eaux ménagères, près des lavoirs, etc. On le trouve aussi, mais plus rarement et à l'état d'individus isolés, dans les eaux potables.

Les diatomées, les desmidiées au contraire sont l'indice d'une eau très pure et pauvre en bactéries.

La plupart des infusoires ciliés ne se trouvent en abondance que dans les eaux chargées de matières organiques en putréfaction, mais il ne faut pas oublier que, de même que pour les bactéries le repos et la chaleur peuvent occasionner accidentellement le développement rapide d'un grand nombre d'organismes inoffensifs par eux-mêmes et dont la faculté de reproduction est intimement liée à celle des Bactéries dont ils se nourrissent.

La culture de tous ces êtres demande une connaissance approfondie de leur mode de vie et n'offre d'ailleurs ici qu'un intérêt relatif. Ce qu'il importe surtout, pour avoir une analyse micrographique complète, c'est de signaler les formes trouvées dans l'eau potable au moment où elle est recueillie et pour cela la fixation en masse et l'étude sur les lieux des échantillons sont les méthodes qui offrent le plus de garantie.

TABLE DES MATIÈRES

Laval. — Imprimerie et Stéréotypie E. JAMIN, 41, rue de la Paix.

FABRICATION ARTIFICIELLE DE LA GLACE

ET

APPLICATIONS INDUSTRIELLES DU FROID

Par R. LÉZÉ

Ingénieur, Professeur de l'École de Grignon,

1 beau vol. in-16, 35 figures dans le texte......... 4 fr.

MANUEL PRATIQUE

DE LA

FABRICATION DE LA BIÈRE

Par P. BOULIN

Ingénieur Chimiste

1 fort volume in-16, 17 figures dans le texte et un plan de l'usine de Tantonville........................ 9 fr.

MANUEL PRATIQUE

DU

DRAINAGE DES TERRES ARABLES

Par Albert LARBALÉTRIER

Ingénieur Agronome,
Professeur à l'Ecole d'agriculture du Pas-de-Calais

1 beau volume in-16, 29 figures dans le texte..... 4 fr.

MANUEL PRATIQUE D'ANALYSE DES VINS

Fermentation, Alcoolisation, Falsifications, Procédés pour les reconnaître, Analyse en général, Alcool, Sucre ou Glucose, Acides divers, Tartre, Sels minéraux, Eléments organiques, Falsifications des Vins, Etude générale

Par E. ROBINET

4e édition. — 1 fort vol. in-12, figures.......... 4 fr.

MANUEL GÉNÉRAL DES VINS

Vins rouges, blancs, artificiels. Vins mousseux, de Raisins secs. Vendanges, Vinification, Sucrages, Coupages, soins des Sommeliers, avec un Appendice sur l'utilisation des résidus de la Vigne et des Vins

Par E. ROBINET

Nouvelle édition revue et corrigée.

Un fort volume in-12, figures.................. 4 fr.

GUIDE PRATIQUE DU DISTILLATEUR

Fabrication des Liqueurs. Distillation, Rectification, Filtrage, Tranchage, Générateurs, Matières sucrées, Conserves, Liqueurs de Ménages

Par Edouard ROBINET

Un fort volume in-16, 424 pages, 2 planches... .. 4 fr.

MANUEL DU FABRICANT DE SUCRE

SUCRE DE BETTERAVES — SUCRE DE CANNES

Par P. BOULIN

Chimiste-Industriel

1 beau volume in-16, 30 figures dans le texte..... 6 fr.

www.ingramcontent.com/pod-product-compliance
Ingram Content Group UK Ltd.
Pitfield, Milton Keynes, MK11 3LW, UK
UKHW020416180726
13839UKWH00003B/1332